世界尽头的咖啡馆

〔美〕约翰·史崔勒基——著
万洁——译

天津出版传媒集团
天津人民出版社

果麦文化 出品

序

有时，在你最意想不到，可能也是你最需要的时候，你会突然来到一个全新的环境，认识新的人，见识各种新事物。我就有过这样的体验，那是一个夜晚，我走在一条黑暗、偏僻的路上。现在想来，当时的情景正是我那个阶段人生的写照。我迷路了，也在人生的旅途中迷失了——我不知道脚下的路通往何方，也不知道自己为什么要前往那个方向。

我丢下工作，给自己放了一周的假，想要逃离与工作相关的一切。其实，我的工作不算糟，尽管它有时候确实令人沮丧。但比这些更关键的是，我每天坐在格子间里，工作十到十二个小时，以后升了职，顶多就是搬进独立办公室，工作时间变成十二到十四小时，我忍不住开始想，人生就该如此，再无其他选择了吗?

高中的时候，我为了考大学而努力；上了大学，我为了找工作而努力；再之后，我来到公司上班，把时间花在努力升职上；现在，我开始质疑那些引导我沿着这条道路前行的人，怀疑他们只是把自己曾经接受过的指导跟我重复了一遍。

他们的建议其实不错，但终究不能帮大家实现自我。我感觉自己始终忙着用生活换取金钱，这笔买卖似乎不太划算。我就是在这种迷茫困惑的心理状态下，发现了那家“你为什么来这里咖啡馆”。

每当我给别人讲这个故事时，他们都会说它“神秘”，或者说像《迷离时空》（Twilight Zone）。《迷离时空》是一部有年头的电视连续剧，剧中人物身处的环境乍一看十分平常，但故事的结尾却另有玄机。我时不时会有一瞬间的犹疑，怀疑自己的经历不是真的。每当这种情况发生时，我就会走到家中的书桌旁，打开抽屉，看看凯茜给我的菜单上的文字，用这种方式提醒自己，这一切都真实发生过。

我从未重走那条路，从未回到那家咖啡馆。我心里有个小小的声音，觉得即便我能回到那个地点，咖啡馆也不会留在原地——我遇见它的唯一原因，就是那一刻、那一夜，我需要遇见它，那家咖啡馆仅仅因此而存在。

也许有一天，我会回去找找。或许某个晚上，我会再次站在它的门前。然后走进去，告诉凯茜、迈克还有安妮——如果她也在那儿的话——告诉他们，那一晚如何改变了我的人生，他们向我抛出的问题如何让我有了全新的思考和发现。

谁知道呢，也许到时候，我会和其他因迷路而误入“你为什么在这里咖啡馆”的人聊上一整夜。

也许我会写本书，谈谈那段经历，也算是做点儿贡献，让更多人知道这样一家咖啡馆的存在意义吧。

01

我正开车沿着州际公路龟速前行，要是旁边有行人路过，一定会像高速赛车一样超过我。一小时后，缓慢移动的车流彻底停滞下来。我按下收音机的搜台按钮，寻找智慧生命的迹象，但一无所获。

二十分钟过去了，没有一辆车向前移动。于是人们纷纷从车上走下来。虽然这对堵车没什么帮助，但大家可以和车旁其他人发发牢骚，换换心情也不错。

在我前面，一辆面包车车主不断说，要是六点前到不了酒店，他的预订就要被取消了。在我左边，一个开敞篷车的女人正在打电话，跟人抱怨公路系统效率低下。在我后面，一车青年棒球队队员几乎要把带队的女老师折腾疯了。我仿佛听到她的心声——她再也不想给任何活动做志愿者了。这段路俨然是一条怨气十足的长蛇，我不过是上面的小小鳞片。

又过了二十分钟，车流还是没有动起来的迹象。终于，一辆警车从路中间的草坪隔离带上开了过来。警车每开一百英尺就停一会儿，大概是在跟大家说明前方的情况。我暗自想："但愿警察带了防暴装备，不然我真要为他们捏把汗了。"

大家都焦急地等待着，希望警车快点儿开过来。终于，警察来到了我们这段路，一位女警官告诉大家，前方五英里左右，有一辆疑似载着有毒物质的油罐车翻了，整条公路都封了。她说我们有两个选择：一个是掉头另寻他路——其实并没有什么"他路"可寻；另一个是留在原地等待前方清障——可能得再等一个小时。

我目送警车开向下一拨满腹牢骚的司机。这时，那个开面包车的人又说了一遍他担心六点到不了酒店的事儿，我的耐心终于耗光了。

“出门散心老是碰上这种烦心事儿。”我咕哝了一句。

就像小时候因为住得近结识的玩伴一样，近旁的司机也成了我的新朋友。我跟他们说，我等不下去了，决定换条路试试。那个面包车司机还在跟人讲房间要取消的事儿，说完最后一句，才上车给我让出条路来。我穿过隔离带，朝新的方向开去。

02

上路前，我打印了从网上搜来的驾车路线图，当时我还觉得这是明智之举。“用不着什么地图，”我想，“只要按这份简单明了的指示图开就行了。”

可现在指示图没用了。于是我拿出手机，准备打开地图。“系统无法使用”，屏幕上只显示了这么一行字。以前我自驾时总是随身带一本地图册，要是现在也带着就好了。

“就算找到高速公路出口，也没什么用，反正我压根儿不知道怎么走才能到目的地。”我大声地自言自语，精神状态变得越发糟糕。

开了28英里，我终于看到一个出口。

“真是见鬼，”我一边想一边把车开上出口匝道，“这个高速路口既没有加油站，也没有快餐店。全世界可能就这一个什么都没有的路口，恰好就被我碰见了。”我朝左边瞧瞧，一片空旷，再朝右边瞧瞧，还是一片空旷。

“好吧，”我说，“看来不管走哪条路都一样。”

我驾车右转，心里记下现在是往西开，提醒自己到下一个路口该往右转。这样一来，我总能回到往北去的路上。这段路是双向两车道，一条通往远方，另一条通往来时的方向。我完全不知该选哪条。这儿的过往车辆极少，路边的房舍更少。我间或瞥到一栋孤零零的房子、几处家庭农场，除此之外只有森林和草地。

一个小时后，我彻底迷路了。我只路过一个狭窄的路口，那儿竖着好几块标识牌，让人一看就知道情况不妙。开出40英里后，不仅一个人没见着，还开上了一条以“老”字开头的路，跟“老65号公路”这种路名感觉差不多，周围一片荒凉。

接下来又出现了一个路口，和我之前经过的路口几乎一样小。无奈之下，我在这儿右转，心想，虽然我不知道自己身在何处，但至少方向没错。可接下来这条路的名字也是以“老”字开头，真倒霉。

将近晚上8点，夕阳西下，一天就要过去了，我越来越沮丧。

“早知如此，我就该留在高速公路上等。”我生气地说，“原本是为了不耽误一个小时才离开，现在不仅浪费了两小时，还迷了路。”

虽然眼下的情况不怪我的车，打它也解决不了任何问题，但我还是朝车顶捶了一拳。

10英里、15英里、20英里过去了，前方还是一片空旷。我只剩下半箱油了。现在肯定不能往回开，剩下的油绝对撑不到堵车的那个地方；就算撑得到，我可能也找不到来时的路。就算我成功返回，那条路上也还是没有加油站。

我唯一的选择就是硬着头皮往前开，寄希望于前面有加油站和吃东西的地方。我的丧气程度和油表的指针相反，正越升越高。

因为家里有许多工作和生活上的烦心事儿，我才决定远行，想散散心；换句话说，家里的事儿已经够烦了，真没想到出了门还是这么烦。旅行的目的明明是为了让自己放松心情，再次鼓足干劲啊。

“真是个怪词，”我想，“鼓足干劲，一泻千里；再鼓足干劲，再一泻千里……循环往复，什么时候才算是个头啊？”

太阳已经完全沉到树影之后，薄暮逐渐笼罩乡间。云朵染上了少许粉红和橘黄，反射着天光的余晖，可我的注意力都在路上，满心为越来越糟的情况担忧，基本没怎么注意天空。路边依然杳无人迹。

我再次眺望路的尽头，看是否有加油站的影子。“还剩不到四分之一的油，油表指针还在下降。”我大声说。

上一次我睡在车里，还是从大学开回家的路上。

那是多年前的事儿了，我并不打算让历史重演。可倒霉的是，眼前的情况和那一次越来越像。

“我得睡一觉。”我想，“万一车没油了，我得有足够的力气走出去找人帮忙。”

03

油表指针就要滑到标有E字的红线之下时，我看见了光亮。刚才考虑到自己目前的惨状，我往回开了几英里路，在之前一处十字路口左转。其实，左边的路也没有任何有人的迹象，但我还是选择左转。至少这条路不是以“老”字开头，我仅仅因此做了决定。

“人到绝处，必能逢生。”我大声说。

我离光亮越来越近，终于看清那是一盏白色的街灯，在远方孑然独立，散发着明亮的光，它四周一片空旷。

“天哪，拜托了，这里可千万要有人啊。”我像念咒一样重复着这句话，驱车开过与街灯之间的最后四分之一英里路。果然，灯下有东西。

我下了主路，将车开进一片铺碎石的停车场。我惊讶地看到一座小小的长方形白色建筑，屋顶上竖着淡蓝色的霓虹灯，上面写着店名“你为什么来这里咖啡馆”。还有一个令我惊讶的发现，停车场里竟然还停着其他三辆车。“他们是从哪儿来的？肯定和我从同一个地方来。”我想，因为我在路上至少有一个小时没见过别的车了。“这是件好事，没准他们知道怎么离开这个鬼地方。”

我钻出车外，将双臂举过头顶，伸了几个懒腰，舒展僵硬的身体，然后向店门口走去。黑漆漆的天空中挂着一弯大大的新月，成千上万颗星星在闪耀。我打开咖啡馆的门，门把手上的小铃铛响起来，宣告了我的到来。

一股令人食欲大开的香气扑鼻而来，我在惊喜之余，才意识到自己有多饿。我决定，不管散发出这等香气的是什么饭菜，我都要点上三份。

04

咖啡馆里有种老餐厅的氛围，狭长的白色吧台旁摆着一圈镀铬底座、红色软垫的高脚凳，前窗边有一排红色的卡座，每个卡座围成的开放包厢里都有一张桌子，桌上有一个放砂糖的小玻璃瓶，一盏银色小壶，我猜里面盛的是往咖啡里加的牛奶，此外还有配套的盐摇罐和胡椒粉摇罐。

门边的柜台上放着一台老式收银机，旁边有一个木衣帽架。这家咖啡馆令人感觉舒适，是那种可以坐下来和朋友们聊很久的地方。可惜我一个朋友也不在身边。

一个女招待本来在远处的包厢和两个客人交谈，这时转过头来微笑着对我说："请随便坐吧，哪儿都行。”

我努力收起过去4个小时里堆积如山、依然没有平复的沮丧情绪，尽力也给她一个微笑。我选了一个靠门的包厢，一屁股坐在红色塑料座椅上，这才注意到椅子非常新。我抬头望望四周，吃惊地发现咖啡馆里的一切都是新的。

“老板一定是认为市区早晚会扩张到这里，”我想，“所以才在这前不着村后不着店的地方新开一家咖啡馆。”

“嗨！”一声招呼打断了我关于房地产的实惠价格和住房开发机遇的思绪。说话的是那个女招待，“我叫凯茜，你好吗？”

“嗨，凯茜！我叫约翰，我有点儿迷路了。”

“看来确实是的，约翰。”她顽皮一笑，答道。她说话的语气模棱两可，我很难判断她说的是我确实叫约翰，还是我确实迷路了。

“你为什么来这儿，约翰？”她问。

“唉，我在路上遇到了一些意外情况，本来想绕开，结果迷路了。我饿得半死，油箱也快见底了。”听我发完牢骚，凯茜再次顽皮一笑。

“我跟你保证，”她说，“饥饿的问题我们肯定能帮你解决。至于其他的，我们看看再说。”

她从前门的架子上取下一本菜单递给我。我不知道是因为光线问题，还是因为开车太久精神疲惫，总之我发誓，她递给我菜单的那一刻，我看到菜单上的字模糊了，然后又重新出现。“我一定是太累了。”我这样想着，把菜单放在桌上。

凯茜从口袋里掏出一个小小的点餐板。“要不先点杯东西喝，再仔细看菜单。”她建议道。我点了一杯柠檬水。

这一天的经历完全出乎我的意料。我先是花了好几个小时行驶在荒凉的老路上，然后又在这仿佛世界尽头的地方发现了一家咖啡馆，现在遇见一个笑容顽皮的女招待。我拿起菜单，看了看封面。

“欢迎来到‘你为什么来这里咖啡馆’”，这句话占据了整个封面的上半部分。这行字下方有一行小黑字——“点餐前，请先询问我们的服务人员，您在此停留的时间意味着什么。”

“我希望它意味着我能吃到好吃的。”我边想边翻开第一页。

菜单上是常见的咖啡馆餐点。早餐在左上栏，三明治在左下栏，前菜和沙拉在右上栏，主菜在右下栏。我把菜单翻过来，吃了一惊。只见菜单背面写着一个大标题，“等餐时请思考”，下面是三个问题：

你为什么来这里？

你害怕死亡吗？

你满足吗？

“这和随便看两眼体育版新闻的感觉不太一样啊。”我想。正当我要重读一遍那三个问题的时候，凯西端着我要的柠檬水回来了。

“有什么想吃的吗？”她问。

我把菜单翻回到封面，指着咖啡馆的名字。

“这是什么意思？”

“这个啊，每个人似乎都对这个名字有自己的解释。”她回答，“其实，我们这儿大部分人都把它简称为‘为什么咖啡馆’。你现在要点餐吗？”

我还没准备好，甚至有点儿想穿上夹克马上离开。这个地方绝对不一般，这种不一般在我看来更接近诡异，而不是与众不同：“不好意思，凯茜，我还得再想想。”

“没关系，”她说。“慢慢想，过会儿我再来问你。另外，约翰，”她带着一丝浅笑说，“别担心，交给我们。”

05

我注视着凯茜走向咖啡馆另一端的包厢，那里坐着一对情侣，他们三人开始交谈。不管他们说的是什么话题，大家心情一定都很愉快，因为三人都笑意盈盈的。

“这地方应该不错。”我想，“也许我应该随便点个东西吃。”

我的注意力重新回到菜单上。“没别的选择了。”我想，“我的车没油，方圆两百英里内貌似也没有其他能吃东西的地方，尽管这地方看起来有些古怪，但截至目前还没发生什么离奇的事情。”

这样一想，我的担忧减轻了点儿。凯茜去了趟厨房，出来的时候端着两个草莓大黄派从我身边走过，这让我的担忧又减轻了许多。我特别爱吃草莓大黄派，可上次吃已经是多年以前的事儿了。我想这意味着我应该在这里待一会儿。

抛开那些奇怪的问题不谈，菜单上的餐点看上去十分可口。尽管现在根本不是早餐时间，我还是决定点一份早餐。凯茜还在和那对情侣说话。我已经想好要点什么了，于是又把菜单翻到了背面。

你为什么来这里？

一个餐厅问食客这种问题，听起来很怪。一个人为什么要来你们餐厅，你们难道不知道吗？一个人来到餐厅吃饭，难道不知道自己为什么来这里吗？我怀疑自己没看懂这个问题。

你为什么来这里？

凯茜走过来，打断了我的思考。

“想好点什么了吗？”

我刚想回答，但记起菜单封面上那行字，客人可以在点餐前询问服务人员。“差不多想好了，”我边说边指了指那行字，“我到底可以问你什么问题？”

“哦，那个啊。”她又露出了微笑。

我越来越喜欢她的微笑了。

“过去几年，我们发现来这儿待过的客人都会发生一些变化。”她说，“所以我们想让其他人都慢慢体会‘你为什么来这里’的问题。我们先和客人分享一些他们可能期待的事情，方便他们更好地接受他们原本以为自己能接受的事情。”

我彻底糊涂了。她说的是餐点、是咖啡馆，还是完全在说另一样东西？

“如果你准备好了，”她说，“我给厨师看看你点了什么，让他给点儿意见。”

“当然……”我心里感觉更困惑了，“可以啊。给我来份早餐。虽然现在不是早餐时段，但你们也能做吧？”

“你想点那个啊？”她问。

“是的，没错。”

“没问题。今天的午餐时间早就过去了，反倒是离明天的早餐时段更近。”

我瞄了一眼手表，已经晚上十点半了。“你看问题的角度真有意思。”我说。

凯茜微笑道：“从不同的视角看待事物，有时候能帮助我们解决问题。”

她记下我点的餐，转身离开。我注视着她走向厨房的背影，发现她把菜单留在了桌上。

06

凯茜走近点餐窗口，我看到厨房里还有一个男人。他拿着木制调羹，显然是厨房里管事的那个人。凯茜凑近窗户，对他说了两句话，他则探出头来瞧了我一眼，看到我也在看他，便微笑着冲我招了招手。

我也向他挥手，觉得有点儿好笑，我可没有在咖啡馆里跟厨师挥手致意的习惯。凯茜和那个男人交谈了几分钟，然后把我的点菜单放在小小的圆形票夹上，转身向我走来。那男人把票夹拿正，看了一会儿，把它带进了厨房。

我的注意力重新回到菜单上。我开始重读第一个问题——“你为什么来这里？”——这时，凯茜来到我的桌旁，在我对面的卡座上坐下。

“刚才那个人是迈克。”她说，“这个咖啡馆是他开的，做饭也归他管。他说待会儿有空出来见见你。我问他你点的这份餐有没有问题，他说量很大，但他觉得你能吃完。”

“你们还有这种特殊服务啊。”

她笑了。“有啊。现在我们来聊聊这个吧。”她说着指了指菜单封面上让客人询问服务人员的那行字，“我看你一直在看菜单背面的问题，这句话就和那个问题有关。”

我不懂她怎么知道我一直在看那个问题，但我没接话。

“是这样，”她说，“单看一个问题是一回事，把这个问题变一变就是另一回事了。”

“什么意思？”

“这个问题听起来很简单，好像对人完全没有影响，”她回答，“但如果你把问题稍微变一变，就能改变一些事情。”

我困惑地看着她说，“改变一些事情？什么事情？是说我没法在这儿吃饭了，还是说我点的东西没有了，得换一份别的？”

“不是，”她脸上的表情突然严肃起来，“是比这更大的改变。”

我实在不明白她要说些什么，但她显然不是在开玩笑：“我可能听不太懂。”

凯茜指了指菜单：“如果这个问题不问别人，而是问你自己——你就不再是以前的你了。”

我听得一怔。不再是以前的我了？这是什么意思？我突然感觉自己站在一面陡峭的悬崖边缘。我不知道她接下来让我前进的一步，结果是立刻死亡，还是永远幸福？

“和你想的差不多，”她笑着说，“不过没那么夸张。”

我还没来得及问她怎么知道我在想什么，她就继续说道：“先不要管这些，我来给你解释。你读一下菜单上第一个问题，但是要用事不关己的态度读，就好像你瞥到的一个路牌。”

我飞快地低头看了眼菜单。让我吃惊的是，上面的问题已经不再是“你为什么来这里？”。

而是“我为什么来这里？”。

我读完之后，那行字立刻变回了“你为什么来这里？”。

“怎么回事？”我激动地问，“菜单变了吗？你怎么做到的？”

“约翰，我觉得你可能还没准备好面对这个问题的答案。”

“你这话是什么意思？你到底怎么做到的？菜单上的字怎么变了？”我已经彻底糊涂，不知道发生了什么，也不知道我是否要继续待在这儿把事情弄明白。这时凯茜再次用一个问题抓住了我的注意力。

“约翰，你看清菜单变化之后的文字了吗？”

“当然看清了，我刚开始看的时候是另一行字，后来又变成了现在这行字。为什么会这样？”

凯茜把菜单翻到正面，指着那句“点餐前……”。“是这样的，约翰。”她开始解释。

“你看到的那个问题，变得不一样的那个问题……”

“问‘我为什么来这里？’的那个问题。”我插话道。

“对。这不是一个随便提出来的问题。对它一瞥而过是一回事；认认真真去看，然后扪心自问又是另一回事——你的世界会发生改变。我知道这听起来很极端，所以我们才在菜单封面上写了提示。”

07

我愣住了，我的处境十分荒唐——我在一家咖啡馆里，午夜时分，前不着村后不着店，眼前的人在跟我讲，菜单的封面上有关于改变客人人生的启示。

一般的度假可遇不到这种事情。我当时不知道，一切才刚刚开始，那个夜晚等待我的还有很多。

凯茜看着我说：“你看，约翰，一旦你真的问出了那个问题，寻找答案就会成为你生命的一部分。你会发现你早晨醒来冒出的第一个念头就是那个问题，在接下来的一天中，你脑海里也会时不时闪过那个问题。它有点儿像一扇门，一旦你打开，就很难再关上。”

我意识到，“你为什么来这里？”还有更深层的含义，并非我一开始看到时以为的那样。通过凯茜的话，我明白了，那个问题并非简单地在问人们为什么来这个咖啡馆。

“没错，”凯茜打断了我的思绪，“问题与咖啡馆无关，而是在问一个人为什么存在。”

我靠在卡座的靠背上，环视四周，感到震惊。“这到底是什么地方？”我心想。

我努力理清思绪：“凯茜，我只是想吃点儿东西。你刚才说的那些话让人觉得非常诡异。如果你刚刚讲的那扇门和每天闪过脑海的念头都是真的，那为什么要问自己这种问题呢？我就从来没问过，我现在也挺好的。”

凯茜放下菜单。“是吗？”她问，“你真的挺好吗？”她说“挺好”的时候带着一丝善意的嘲弄，好像在引导我去解释什么叫“挺好”一样。“很多人都觉得‘挺好’。但有的人就是要寻找比‘挺好’更令人满意的状态、更棒的生活。”

“所以他们来了这家‘为什么咖啡馆’？”我也用讽刺的语气说道。

“有些人是的。”她的声音柔和而平静，“你来是为了这个吗？”

她把话题绕了回来。我不知道该怎么回答。我不知道自己为什么来这里。我甚至不确定自己知不知道这是什么地方。

如果我坦诚面对自己，我得承认，我多年来都在想，除了我已经体验到的事物，生活是否还有更多的可能性？我并不是说生活很糟糕。当然，生活偶尔令人沮丧，尤其是最近，可我有体面的工作，也有知心的朋友。生活还好，甚至可以说挺好。可我心底隐约有种别样的感受，就连我自己也说不清楚。

“就是因为产生了这种感觉，人们才会问出那个问题。”凯茜说。

我惊呆了。她再次道出了我的想法，而且我突然意识到，她的话可能是对的。我深深吸了一口气，感觉自己又来到了悬崖边。这一次，我往前迈了半步。

“凯茜，能再多跟我说说那个问题吗？”

她点点头：“我刚才说，问出这个问题就好比打开一扇大门。人的心灵也好、灵魂也罢，不管你用什么词形容，它都会去追寻答案。这个问题会占据提问者生活的优先位置，直到他有一天找到答案。”

“你是说，一旦有人问自己‘我为什么来这里？’他就再也无法抛开这个问题了？”我问。

“不，不是无法抛开。有的人只是不经意瞥到这个问题，也许还仔细看了，但最后依然会忘记。有的人问了自己这个问题，并且在某种程度上真的想知道答案，他们就很难再忽视这个问题了。”

“假设有人问了这个问题，也找到了答案。”我问，“那然后呢？”

“这是件好事，也是件很有挑战性的事。”她笑着说道。

“我刚才说，提问这个行为本身就能产生寻找答案的动力。”

“要是有人找到了答案，就会产生另一股同样强大的力量。人们一旦知道了他们为什么来，为什么存在，找到了活着的目标——他们就想实现这个目标。这个目标就像藏宝图上代表藏宝地点的×。一旦看到了×，你就很难假装没看见，很难不去寻宝。回到我们说的具体问题上，一旦有人知道了他们来这里的目标，他们从情感上、甚至从生理上，都很难不去尝试实现那个目标。”

我往后靠了靠，努力体会凯茜讲解的一切。“这么说，提问会让情况变得更糟。”我答道，“我就说嘛，人最好还是永远不要问那个问题，继续原有的生活，不要打开潘多拉的盒子。”

凯茜看着我：“可有人选择提问。只要时机成熟，每个人都得问自己这个问题。”

我不知道该做出什么反应，只好紧张地大笑。想到自己之前迷路时终于看到街灯有多么兴奋，现在的我不知该作何感想。

“需要面对的事情太多了。”我说。

“我希望你不要觉得这些事情要‘面对’，而是要‘迎接’。”凯茜回应，“你知道吗？你之前形容的那种感觉，不是一种别人告诉或描述给你听的感觉。如果有一天你决定放下那种感觉，就勇敢做出选择吧，只有你自己才能给你自己做决定。”

说完，她站起身：“我得离开一下，去看看你的特色早餐做得怎么样了。”

我已经完全忘记了我点的早餐。她一提醒，我才慢慢回过神来，原来我依然坐在一家咖啡馆里，依然饥肠辘辘。

08

我的大脑飞速旋转。我低头看看菜单，重读了一遍第一个问题。

你为什么来这里？

比起第一次读的时候，这个问题对我来说已经有了全然不同的含义。我努力回忆凯茜之前的话：“这是在问一个人为什么存在。”

我有种说不上来的感觉，好像某种东西正拽着我去问那个问题——我还记得我和凯茜交谈时在菜单上瞥到一眼的那个问题。

我为什么来这里？

我记得凯茜说，认真对待这个问题会带来什么样的后果。

“真是疯了。”我一边自言自语，一边揉了揉眼睛，“我只想吃点儿东西，加点儿油，找个地方打发几个小时。我为什么要去想那些有的没的呢？”

我把杯中的水喝了一半，放下杯子，发现迈克站在我桌旁，手中拿着一个大水壶。

“要加水吗？”他问，“你好像需要多喝点儿水。”

我接受了他的提议，他便给我加满了水。

“我叫迈克。”他说。

我站起来和他握握手：“很高兴见到你，迈克，我是约翰。”

“你没事吧，约翰？我走过来的时候，感觉你正在陷入沉思。”

“差不多。”我重新坐下，“凯茜刚才跟我解释了菜单封面上的那行字。我还在努力理清思绪，琢磨它对我来说有什么意义。”

我一说完，就意识到迈克可能对我和凯茜刚才的对话一无所知。虽然他是店主，但想出那个问题和封面提示的人也可能是凯茜。好在我的话没有让他产生丝毫疑惑。

“哦，那个问题可不简单。不同的人会在不同的时期面对那个问题。有的人在小时候就想清楚了，有的人长大一些才开始想，还有人终其一生都没想明白。这个现象其实挺有意思。”

看来迈克似乎对我们的交谈过程了然于胸，我决定把我心中的疑惑向他吐露一番。

“迈克，凯茜说，如果一个人对自己提出这个问题，他的生活就会发生一些改变。”我指了指菜单，“我想知道，他们之后会怎样？”

迈克扫了一眼菜单：“你是说他们提问之后？还是找到答案之后？”

我愣了几秒钟，仔细想了想他的问题。“两个都有。关于一个人如何找到问题的答案，找到答案之后又要怎么做，我们没有聊太多。她只是稍微跟我解释了一下，找到答案的人会是什么样。”

“好吧，关于如何找到答案，我认为没有一个适合所有人的统一方法。每个人都有自己的生活方式。不过，我可以告诉你一些技巧，我认识的人就是通过这些技巧找到了他们的答案。”

我想接话，但一时不知说什么。我的直觉告诉我，关于如何寻找那个问题的答案，我如果发表一番见解，可能就更难回避向自己提问这件事了。

“确实是这样。”迈克说，“换了凯茜，她也可能会告诉你同样的道理。”

他似乎也知道我在想什么，尽管我根本没说出口。对此我只是稍有些惊讶。

其他人寻找答案的方法，我不确定自己有没有兴趣知道。毕竟，我连自己想不想提出那个问题都不确定。

“迈克，还有另一个问题呢？找到答案的人会怎么做？”

迈克笑道：“这样吧，我先去看看你的饭做好没有，回来再回答你的问题。”

过了一会儿，他端着摆满盘子的托盘回来了。

“这些都是我的吗？”我问。难道菜单上我点的套餐下面还有两大段介绍被我看漏了？

“当然啦。一份早餐里面有煎蛋卷、烤面包片、火腿、培根、新鲜水果、炸薯饼、饼干，还有单面煎的薄煎饼。”

我环顾四周，想再找三个人和我一起吃。

“除了这些，我们还有配烤面包的果冻、配薄煎饼的糖浆，配饼干的蜂蜜，还有专门配煎蛋卷的特制土豆沙拉。幸亏你饿了。”

“哪有人会饿成这样啊！”我说。

“约翰，你会吃惊的，有时候你只是没意识到，你早已准备好接纳新事物了。”

迈克把餐点放在桌上：“约翰，我得和那边那对儿情侣多说几句，我一会儿就回来，如果你还想聊，我们可以接着聊。”

“好啊。”我看着面前的盘盘盏盏，“没问题。”

09

我开始对付桌上的食物。我吃掉一些煎蛋卷、烤面包和水果时，凯茜来了。

“怎么样呀，约翰？”

我咽下刚吞进嘴里的食物，说：“不错。早餐棒极了。”

“你好像比刚才精神多了。”

我确实精神多了，刚进咖啡馆时把我吞没的那种沮丧感几乎完全消失了。我的全部注意力都放在了“你为什么来这里？”这个问题上，全心投入接下来的讨论中，其他的一切都成了次要事项。吃到一份美味的煎蛋卷，对我多少也有点儿帮助。

“你想自己吃？还是想有人一起聊聊？”凯茜问。

“当然希望有人一起。其实我还想和你继续讨论刚才的话题。我一直在思考，但还是有几点困惑。”

“有什么我能帮忙解释的吗？”凯茜问。

“我不明白菜单上的问题。要是有人问自己为什么来这里，通过某种方式搞清了他的目的，他带着这份答案，接下来要怎么做呢？”

凯茜顿了顿：“首先，他想做什么就做什么。他解开了这个谜题，答案属于他自己。关于接下来怎么做，他们有完整的、决定性的话语权。”

我思索了一下：“我想，如果有人想出了自己来到这世上的目标，他们一定想知道实现这个目标的最好方法。问题是，要去哪儿寻找这个方法。”我看向凯茜，感觉她其实什么都明白，但她要等着我自己想清楚。

“每个人的方法都不一样。”

我望着她：“能给个提示吗？”

“要不我举个例子吧。”她回答，“假设你想做一个业余艺术家，你想创作什么类型的艺术作品？”

我想了一会儿。“我不知道。这个问题应该取决于我想成为什么类型的艺术家。或者干脆想创作什么就创作什么。”我停下话头，等着她评价，可她什么都没说，我只好细细思量自己刚才的回答。

“就这么简单？”我问，“一个人要是知道了自己存在的意义，他就会为了实现这个意义做一切想做的事？”

话一出口，我全身上下都兴奋起来，仿佛我刚刚发现一样独一无二且很重要的东西，我的身体产生了相应的反应。这个道理听上去太简单，简单到让人怀疑它的正确性。为了实现存在的意义，做你想做的任何事。

“所以，如果我的存在意义是帮助他人，那我应该做任何我想做的事，只要它符合我对‘帮助他人’的定义？”我兴奋地问，对这个概念的兴趣越来越浓。

“对的。”凯茜说，“如果你觉得从事医疗行业可以帮助他人，那你就去行医；如果你觉得在贫困地区修建避难所才是帮助他人，那你就去盖房。也许你觉得，当一名会计，在税务方面帮助别人是你实现存在意义的方式，那就去做会计。”

我的脑子飞速旋转。我从未用这种方式思考过问题。在我过去的人生中，我所作出的大部分决定都是为了回应他人的期待，比如说家人的建议、文化环境带来的压力和别人的看法。而现在问题不一样了。“那要是我的存在意义是为了成为百万富翁呢？”

“那你就应该尽你所能，做符合你心中‘百万富翁’定义的事情。”凯茜答道，“如果这意味着结交其他百万富翁，那就去结交；如果这意味着努力工作攒够一百万，那就去工作。所有的例子都是一个道理，选择权在你自己手里。”

“‘做百万富翁’……我有点儿喜欢这个词，”我越来越激动，“我能买好几辆新车，没准还能买几套豪宅。”

“这就是你的存在意义吗？” 凯茜放低了声音。

她的问题让我立刻停止了臆想。

“我不知道。”

“我和迈克聊这些的时候喜欢用一个缩写词。”她说，“比如说你在菜单上瞥到的那个问题。”

我低头看了看第一个问题。

你为什么来这里？

“当一个人弄清了他为什么存在，就相当于定义了自己的‘存在意义（Purpose For Existing）’。我们简称其为‘PFE’。在一个人的一生中，他可以为了实现‘存在意义’做十件、二十件、甚至成百上千件事。他可以做任何事。我们有些客人清楚自己的PFE，并会尝试各种他们认为有利于实现PFE的活动，这些人通常对生活满意度很高。”

“那你们有没有遇到过对生活满意度很低的客人？”我问。

“这类人也做了很多事情。”她说。

她顿了顿，我趁机说出脑海中突然冒出的一个想法：“但是，他们做的那些事和他们的PFE无关。”凯茜笑了，我意识到这个结论需要靠自己悟出来。

“凯茜，如果我向自己提出这个问题，也弄清了我的存在意义，那我怎么知道做什么才能去实现它？我的意思是，实现意义的关键可能是人、旅行、活动、经历或者其他各种事物。这简直是大海捞针。”

她用一个问题回答了我。我发现她经常用问题来回答问题：“约翰，假设你决定把了解如何造车当成自己的生存意义，并准备去实现这个PFE。你接下来会怎么做呢？”

我沉思片刻：“我应该会读许多关于车的书。说不定还会去参观生产车的工厂，和有造车经验的人联系，听听他们的意见，还可能会去找一份能实际上手组装汽车的工作。”

“你会始终待在同一个地方吗？”

我思量片刻："不，假如我真的想知道如何造车，我会前往世界不同的造车圣地参观学习，这样才能全面掌握造车技艺。我觉得，一个人要想知道如何实现自己的存在意义，应该去探索和迎接与PFE相关的各种事物，这就是我提的那个问题的答案。"

"没错。"凯茜说，"每个人都局限于自己当前的经历和知识。这句话的重点在于'当前'。我们生活在有史以来信息量最大的时代，每个人都有机会接触全世界的各种信息、人、文化和经历。"

凯茜继续说："在我们努力实现PFE的过程中，我们受到的外部限制少之又少，更多的限制是我们自己加在自己头上的。"

"你说得对。"我说，"我好像没有充分利用这个时代的优势。回想自己如何利用时间，我发现我每天几乎都在做同样的事。"

"为什么会这样？"她问。

我低头看看菜单。

你为什么来这里？

“也许是因为我不知道这个问题的答案。”我说着指指菜单，“我不知道我来到这世上到底为了什么，也不知道我想做什么，我只是在重复大多数人在做的事。”

“根据你的经验，做‘大多数人’在做的事能帮你实现自己的存在意义吗？”她问。

10

凯茜的问题直击我的内心。做大多数人做的事能帮我实现存在意义吗？没等我回答，她就又开口了。

“约翰，你见过绿海龟吗？”

“海龟？”

“对，”凯茜说，“海龟的一种。准确来说，是种绿色的大海龟，脚蹼和头上都长着绿斑。”

“我好像在照片里见过。”我说，“这种海龟怎么了？”

“说起来奇怪，”凯茜开始说，“我人生中最重要的一堂课，就是从一只绿色的大海龟那儿学到的，这堂课教会了我每天该做什么样的事。”

“它告诉你什么了？”我没忍住笑。

“很有意思，”她也笑着回答我，“它并没有真的‘告诉’我任何道理，但它依然教会了我许多。当时，我正在夏威夷海滩浮潜。那一天的体验棒极了，我见到了一条身上有紫色斑点的鳗鱼和一只章鱼，这两种动物都是我第一次见。我还见到了成千上万条鱼，五彩斑斓的，有明亮的荧光蓝，有最暗沉的深红，你根本没法想象。

“就在距离海滩100英尺的地方，我在几块巨大的岩石旁边下潜。我向右一转，看见一只绿色大海龟在我身边游着。那是我第一次在野外看到海龟，高兴疯了，连忙上浮，摘掉浮潜用的呼吸管，漂在水面上观察它。

“我低头一看，发现它就在我正下方，正往远离海岸的方向游。我决定在水面上看它一会儿。它时不时划动脚蹼，但更多时候只是在水中漂着。让我惊讶的是，尽管它看起来游得很慢，我还是跟不上它的速度。我当时穿着蛙鞋，能推动我在水里向前游。而且我也没穿浮力背心或者其他会拖慢我速度的装备。尽管这样，我拼命划水想跟上去，但还是离它越来越远。

“大概过了十分钟，它就彻底把我甩掉了。没想到我竟然游不过一只海龟。我当时疲惫不堪，又失望，又有一点儿难堪，只好折返，浮潜游回海岸。

“第二天，我回到同一个地方，希望能看到更多海龟。我在水中大概游了30分钟，终于看到一群黄黑相间的小鱼，和另一只绿海龟。它绕着珊瑚打转，我就观察了一会儿。当它往海洋深处游去时，我跟了上去。我再次吃惊地发现，自己还是没法跟上它。就在这时，它给我上了人生中宝贵的一课。”

凯茜说到这儿就停住了。

“凯茜，你不能把故事讲一半啊。它到底教给你什么了？”

她笑了：“我还以为你根本不信一只绿海龟能告诉人什么道理呢。”

我也笑了：“我确实对它能不能‘告诉’持怀疑

态度，但这个故事听到这里，我开始相信它确实能教给人类一些事情。所以后来怎么样了？”

“后来，我浮在水面上，突然发现，海龟的动作遵循着海水的运动规律。当海浪推向岸边，与海龟行进方向相反，海龟会浮起来划水，但仅仅是为了让自己浮在原地。当海浪向海洋的方向涌起时，它会加快划水速度，这样就可以乘着海浪前进了。

“海龟从不与海浪相争，而是巧妙利用海浪的力量。我之所以无法追上它，就是因为我不顾海水的方向，自始至终都在划水。一开始，我还能和海龟并驾齐驱，有时候还得放慢速度等等它。但是在反方向的海浪中，我越是用力向前游，就越是感到疲惫。等到海浪前进方向再次与我游泳方向相同时，我却没有足够的力量顺势向前了。

“随着海浪一来一去，我越来越疲惫无力。海龟却始终借助海水的力量，优化自己的效率。这就是它游得比我快的原因。”

“凯茜，”我说，“谢谢你给我讲这个关于海龟的好故事……”

“绿海龟。”她微笑着插话。

“好吧，绿海龟的故事。大家应该都会喜欢这个绿海龟的好故事，我也一样。而且我热爱海洋，可能比别人更喜欢这个故事。但是，这和人们怎样充实自己的生命有什么关系，我不知道。”

“你还没明白呀，亏我之前还对你寄予厚望呢。”她再次露出微笑。

“好吧，好吧，”我说，“让我想想。”我回想了一遍她讲绿海龟故事之前我们的谈话。然后我再次开口：“你是说，如果一个人弄清了自己为什么存在——知道了自己的PFE，他就能把时间花在有助于实现PFE的事情上。你还说，没弄清自己PFE的人也会花时间做很多事。因此我得出一个结论，他们是把时间花在了无益于实现PFE的事情上。”

“思路不错，我觉得你很快就能悟到一个大道理了。”她说。

“同感。”我说着微微一笑，表示领会了她的打趣，“我认为，海龟——绿海龟教给你的是，如果你和你想做的事不在同一个频道，你就会浪费许多精力。等你有机会做你想做的事时，你可能已经没有力气或时间了。”

“非常好，”她说，“谢谢你说了‘绿海龟’，而不是‘海龟’。”她稍稍收敛笑容：“那对我来说是相当重要的一个时刻，绝对是我人生中‘原来如此’的顿悟时刻之一。

“每一天都有很多人想要让你把时间和精力花在他们身上。比如你收到的邮件。如果你打算参加所有活动，参与每次促销，享用每一项不请自来的服务，你就没有空闲时间了。这还只是邮件而已。再想想那些想通过电视、网络、餐厅、旅游地等等来吸引你注意力的人。你很快就会发现，自己在做大家都在做的事，或者别人想让你做的事。

“第二天遇见海龟后，我回到沙滩上，满脑子都是刚悟出来的道理。我坐在沙滩巾上，把它们写进日记里。在我的人生中，那些想要消耗我注意力、精力和时间，但与我的PFE并不相关的人、活动和各种事物，就是涌向岸边的反向海浪。而能帮我成就PFE的人、活动和事物，就是涌向大海的正向海浪。因此，我在反向浪上浪费的时间和精力越多，留给正向浪的时间和精力就越少。

“一旦想清楚这一点，我看待事物的角度就不一样了。我开始谨慎选择‘划水’的时刻，关注自己‘划水’的理由。”

“有趣。”我回想了一下她的故事，同时也开始思考自己每天的大多数时间都花在了什么地方，“我明白你为什么说绿海龟给你上了一课了。

“凯茜，你先别走，我能跟你借一张纸、一支笔吗？”

“当然可以。”她从围裙口袋里取出一支笔，从点餐板上扯下一张纸，把这两样东西放在桌上。

“你会得出一个惊人的答案。”她说着眨了一下眼，离开了餐桌。

“你怎么知道……”我刚开口问她，她却已经走去后厨了。

我开始在纸上写数字。人的平均寿命是75年……我大学毕业时22岁……每周我有6天会收到邮件……每天我醒着的时间是16个小时……每天我会花20分钟查收快递和电子邮件……

完成所有计算之后，我简直不敢相信自己得出的答案。我又算了一遍，结果还是一样。

我这才意识到，关于反向浪带来的消极影响，凯茜说得一点儿也不夸张。从我大学毕业时算起，以75岁的寿命为前提，我每天花20分钟打开和浏览我并不太感兴趣的邮件——这些时间累计起来几乎占据了我生命中的一整年。

我验算了三遍，结果没错。大学毕业后我大概还有53年时间，如果我不小心的话，其中一年就会被浪费在阅读垃圾邮件上。

“怎么样？”凯茜从厨房回来了，但我还沉浸在验算中，没注意到她。

“你说得对，”我回答，“结果的确很惊人。其实我不仅感到惊讶，而且几乎感到震惊。谁能想到，光是看个垃圾邮件就能花掉你人生中的一整年呢？”

她笑道：“约翰，不是所有邮件都是垃圾。”

“我知道，但至少对我来说，很多邮件确实是垃圾。而且，垃圾不止这些。我刚才在想，还有没有其他‘反向浪’占用了我每天的时间和精力。”

“确实应该好好想想。”她说，“我之所以说那只绿海龟深深影响了我，就是出于这个原因。”她笑了笑，转身向咖啡馆另一端的客人走去。

11

我开始吃和其他饭菜一样美味可口的薄煎饼，一边吃一边回想我与迈克和凯茜的对话。一般的咖啡馆里可不会出现这种对话。你为什么存在？你弄清自己的存在意义后该怎么做？你能从一只绿海龟身上学到什么？

就在我把水果也吃掉不少时，迈克走到我桌旁。

“好吃吗，约翰？”

“太好吃了，这里的饭菜真是绝了。你应该考虑开分店，那样你就能赚大钱了。”

迈克露出微笑：“说不定我现在已经赚到一笔大钱了。”

“那你为什么还要在这儿工作……”我急忙打

住，但脑中的话已经脱口而出，“抱歉，迈克，我不是说这家咖啡馆不好，我的意思是……算了，我也不知道自己是什么意思。”

“没关系，”迈克说，“我不止一次被问过这个问题。约翰，你听过一个商人去度假，之后遇到一个渔夫的故事吗？”

“没听过。”

“那是几年前流行的一个小故事。”迈克说，“想听吗？这故事跟你说的开分店的建议有关。”

“想听啊。”我说。

“好。故事是这样的，一个商人去度假，他想远离尘嚣，好再次攒足干劲去赚钱。他飞到遥远的目的地，在一个小村子里游荡。几天过去了，他注意到当地有个渔夫看起来特别开心，特别满足。商人很好奇，于是有一天，商人找到渔夫，问他每天都在做些什么。

“渔夫回答说，他每天早晨醒来，先和妻儿一起吃早饭，然后送孩子们去上学，他去打鱼，他的妻子开始画画。他会花好几个小时捕鱼，捕上来的鱼够全家吃了，他就往回走，到家之后打个盹儿。晚餐后，他和妻子沿着海滩散步，看日落；孩子们则在大海里游泳。

“商人惊呆了。‘你每天都这样过？’他问。

“‘基本上是吧。’渔夫回答，‘有时候我们也干别的，不过大多数时候我们就这么过，这就是我的生活。’

“‘你每天都能捕到鱼？’商人问。

“‘是的。’渔夫回答，‘海里鱼很多。’

“‘除了平时给全家人吃的鱼，你还能捕到更多的鱼吗？’商人问。

“渔夫看着他微微一笑，答道：‘能啊，我经常捕到多余的鱼，不过我把它们都放了。你看，我就是喜欢捕鱼。’

“‘可是，你为什么不捕一整天鱼，尽可能多捕一些？’商人说，‘然后你就能把鱼卖掉，挣很多钱。不久你就买得起第二艘船、第三艘船，雇其他渔夫给你捕更多条鱼。过不了几年，你就能来到一座大城市的办公室里工作，我打赌，十年内你就能拥有一家国际渔业公司。’

“渔夫又对商人笑笑，‘我干吗要那么做？’

“‘为了挣钱啊。’商人说，‘你这样做就能挣到很多很多钱，然后退休。’

“‘我退休之后干什么去？’渔夫问，依然满脸微笑。

“‘想做什么都行吧，我觉得。’商人说。

“‘比如，和我的家人一起吃早餐？’

“‘对啊，可以啊。’商人说，他看到自己的主意没让渔夫兴奋起来，有点儿恼火。

“‘我喜欢捕鱼。那如果我退休了，我每天想捕鱼就能捕鱼？’渔夫继续问。

“‘能啊。’商人说，‘那时的鱼可能没现在这

么多了，不过应该多少还有一些。’

“‘然后晚上我就可以和我的妻子一起沿着沙滩散步，看看日落，我们的孩子能在海里游泳？’渔夫问道。

“‘当然可以啊，你想做什么就做什么，不过那时你的孩子们应该都长成大人了。’商人说。

“渔夫微笑着和商人握了握手，祝他可以早日鼓足干劲去赚钱。”

迈克讲完了，问我：“约翰，你有何感想？”

“我觉得我和那个商人有点儿像。为了挣够钱再退休，我把大部分时间花在工作上。”

“我以前也这样，”迈克说，“后来我意识到了一件非常重要的事情。退休是将来的事情，到时候我有足够的钱做我想做的事，我可以自由参加我喜欢的活动，凭自己的喜好安排自己每天的生活。可是有一天，我工作特别不顺心，晚上下班后，我觉得自己该过一种更美好的生活。过了一段时间，我发现自己开始怀疑惯常的生活方式。可是这个问题如此理所当然，我竟然会心存疑惑，这太不可思议了，可我就是搞不明白。”

我一边听迈克说话，一边吃着眼前的饭菜。

“我这才意识到，对我来说，每一天都是一个机会，可以做我想做的事。每一天，我都有机会用行动回答菜单背面那个问题。我不需要等到‘退休’。”

我放下叉子，往后靠了靠。他说得这么简单，我有点儿惊讶。“这也太简单了吧，”我说，“要是真有这么容易，所有人早就做上他们想做的事情了。”

“但是，”迈克笑着说，“恐怕我的情况不适用于每个人。就拿你来说，约翰，你有没有在做自己想做的事情？”

我没料到他会这么问。我心中暗暗希望迈克继续侃侃而谈，我则继续认真倾听。但我思考了一会儿。

“不，我没有。”我回答。

“为什么没有呢？”

对话朝着出乎意料的方向越走越远了。“老实说，我也不知道为什么。上大学的时候，我其实不知道自己想学什么。有一门课我还算喜欢，又有很多人告诉我，学这个专业的人毕业后好找工作。所以我决定学这个专业。后来，我毕业了，开始工作，我的目标变成了赚越来越多的钱。我得到了一份薪水挺高的工作，我的生活差不多始终遵循着同一个模式。”

“我可能从没思考过这个问题。”我指了指菜单，“今天晚上是第一次。”

“我刚才说了，”迈克说，“这个问题不知会在什么时候、通过什么方式，戳到不同人的内心，这个现象很有意思。”

“真是疯了。”我说。

“什么疯了？”

“我们刚才聊的事情啊。大家明明能做自己想做的事，却偏偏把那么多时间都花在准备工作上，而不是立刻就做，这是为什么呢？”

“我觉得你应该见一个人，关于这个问题，她可以跟你分享一下。”迈克说完站起身来，向正在跟其他客人说话的凯茜走去。我听不到他们在讨论什么，但不一会儿，其中一个客人站起身，向我走来。

12

他们走到我桌边，迈克开始向我介绍他带来的那个女人，“约翰，这是我朋友安妮。安妮，这是约翰。今晚是他第一次来我的咖啡馆。”

安妮笑了笑，我们握了握手。

“很高兴认识你，”我说，“听迈克的介绍，你应该经常来这里吃饭吧？”

“隔三差五就来一次吧。”她回答，“这儿是一个神奇的地方，在你最需要它的时候，就会发现自己已经身在其中了。”

“我也有这种感觉。”我说。

“安妮，我和约翰刚才在聊你最喜欢的一个话题，也许我们应该听听你这个专家的见解。”

她大笑起来："好吧，我不知道自己算不算专家，不过我倒是不缺见解。你们在聊什么？"

"约翰问，明明大家能做想做的事，为什么不立刻就做，而要把那么多时间花在准备工作上。"

"啊，这确实是我最喜欢聊的一个话题。"她又哈哈大笑起来。

安妮的大笑很有感染力，我立刻对她产生了好感："安妮，请坐。我想听听你的观点。迈克，如果你有时间，也坐下一起聊吧。"

他们在我对面落座，迈克说："在开始这个话题之前，我先跟你简单说说安妮的情况。她有世界顶尖商学院的高等学位，多年来她都是广告圈里颇有名气的高管。"

"哇，"我说，"佩服佩服。"

"客气了。"她笑着回应，"不过要聊接下来这个话题，可能绕不开这段背景。约翰，你看电视、看杂志、上网或者听广播吗？"

“有时候会。”我说，“怎么了？”

“我们为什么要花这么多时间准备我们想做的事，而不是直接去做，这个问题的一部分答案，就在我们每天接收的信息当中。”她说，“广告商早就明白，如果你的信息直接针对人们内心的恐惧和欲望，你就能刺激他们去行动。只要你找对了恐惧点或者欲望点，就能促成他们购买特定商品或服务。”

“能举个例子吗？”我问。

“好。不知道你有没有见过或听说过这样一种广告，它的内容重点在于让你开心或产生安全感，但其实其中蕴含的信息是，‘只有当你拥有这件产品时，你的生活才会更好。’”

“我不知道，”我说，“应该有吧。”

“这类广告通常把真实意图隐藏得很巧妙，”她说，“大多数时候，广告公司不会直接表达这层意思。但如果你意识到广告的意图，或者参与制作过许多广告，你就会发现，这些信息的目的是为了让你相信，只要你拥有某个产品或服务，你的人生就能圆满。举个例子，开这种车会赋予你的人生特殊的意义，吃这种冰淇淋会给你带来幸福，拥有这颗钻石你就能心满意足。”

“还有，”她继续说，“我要告诉你一件非常重要的事。广告还会传达一种更隐晦、但更有影响力的信息——即拥有那些产品，你能获得满足感，但如果没能拥有那些产品，你的人生就是不圆满的。”

我有点儿疑惑地望着她：“安妮，照你这么说，谁都不该买任何东西。你的观点太极端了，一点儿也不现实。”

“哦，不是这个意思，”她答道，“你误会了。任何人都有权利做自己想做的事情。我并不是说不能买车、去商场或者吃冰淇淋。

“为什么人们把那么多时间花在准备工作上，而不是直接去做自己想做的事。部分原因就在于我们每天都暴露在大量营销信息中，如果不谨慎点儿，我们肯定会把自己的幸福和满足寄托在某样产品或服务上。最后，我们会陷入一种财务困境，必须不断去做事情去挣钱，尽管那些事情不是我们真正想做的。”

“我可能没太听懂。”我说。

“我举一个非常普遍的例子吧。”安妮说，“这个例子不适用于每一个人，但有助于解释清楚我们刚才讨论的问题。

“从小时候开始，我们的生活就充斥着各种广告，这些广告传达的信息就是人生的圆满来源于物质。既然如此，我们会怎么做？当然是购物了。我们买广告里的商品，想看看广告里说的是不是真的。

“那么问题就来了，”她继续说，“购买商品需要钱。为了挣钱，我得找一份工作。这份工作可能不符合我们的理想，我花在工作上的时间也许不符合我理想的时间安排，但有了这份工作，我就买得起我想要的东西。我告诉自己，这种情况是暂时的。用不了多长时间，我就能开始做其他事情——更接近我本来意愿的事情。

“还有一个问题，因为做了一份没有满足感的工作，并且花了很多时间在上面，我会感觉到越来越不满足。我们身边有很多人，整天盼着退休，他们总是说，等退休了就可以做想做的事了。要不了多久，我们自己也会去憧憬这种几乎被神化了的未来。等到退休那天，我们再也不用工作了，而是可以把时间花在想做的事情上。

“我们每天做的不是自己想做的事，为了弥补心中因此产生的空虚，我们会买更多东西。我们希望广告是真的，哪怕只有一丝一毫是真的也好，希望那些商品能代替日常工作给我们带来满足感。但不幸的是，我们买的越多，要付的账就越多，就越需要花更多时间工作，这样才能为一切买单。我们花在工作上的时间并非发自内心，所以投入工作的时间越多，我们就会产生越多不满，因为我们留给真正想做的事的时间更少了。”

“于是我们就会买更多东西。”我说，“我明白这个逻辑了。这可不是一个良性循环啊。”

“不管是良性还是恶性循环，”安妮说，“最后的结果都是长时间工作，忙着做并不能实现PFE的事情。他们不停地憧憬未来，希望有天他们不用再工作，可以过上随心所欲的日子。”

“哇，我从来没从这个角度思考过。”我说，“真的是这样吗？”

安妮和迈克大笑起来。“约翰，我不建议你把广告条条当真，希望你能透过现象看本质；同理，我也不希望你毫不怀疑地接受我的说法。”安妮回答，“凯茜刚才说，现在大家有机会接触更多新事物，可以了解世间万物。我分享的只是我的一家之言。你听完了，可以用自己的眼睛观察世界，判断我说的话是部分属实、全部属实，还是没有一句实话。”

“嗯，你的话给我提供了一个看事物的新角度。”我说，“安妮，你刚才举的那个例子，你自己经历过吗?”

安妮大笑：“肯定经历过啊。现在说起来我可以拿它开玩笑，但当时我觉得一点儿都不好笑。那时我真的不开心，感觉无法控制自己的人生。每天我都工作很久，没多少闲暇时光；作为补偿，我用物质来奖励自己。我当时觉得这是一种非常合理的生活方式。

“我周末也在工作，所以我对自己说，我应该奖励自己一套新衣服、最新的电子产品，或者某件新款时尚家具。可是，因为我总是在工作，我很少有时间享用我奖励自己的这些东西。来我家做客的朋友，都说他们好喜欢我家的风格，可我根本没什么时间在家享受这个环境。

“一天晚上，我刚翻完一大堆账单，看它们像往常一样，吞掉我当月收入的大半部分。我平躺在床上，盯着天花板，只有这样才能不让自己哭出来。我发现自己已经错过了人生的大半，我把它浪费在一份我根本不在乎的工作上，用购物来安慰自己。说实话，就连我买的那些东西，我也根本不在乎。

“我想弄清楚自己到底是怎么落到了这步田地。我原本的人生规划是，工作到六十岁，等到退休，才能去做自己想做的事。我感觉自己很可怜。”

“可你现在的心态完全不一样。”我说，“你到底经历了什么？”

安妮笑着答道：“我现在的心态确实完全不同。那天晚上我想了一会儿，决定出去散心。我生活在一个大城市，街道上总是人来人往。我看着每一个从我身边经过的人，好奇他们中间有没有人和我有同样的感受。

“他们快乐吗？他们做的是自己想做的事情吗？他们满足吗？最后，我停在了一家小小的咖啡店门前。我见过这家店好几次，但从没进去过。令人吃惊的是，店里坐着我的一个熟人。我在不同的场合见过他几次，留下很深刻的印象，因为他每次都是一副气定神闲的样子。

“他邀请我和他一起坐坐。我们喝了几杯咖啡，聊了三小时的人生。我跟他描述了我的状态，他微笑着指出，我可能看自己做的广告看多了。我不太明白他的意思。于是，他跟我讲了我刚才告诉你的那个循环，他还跟我说了些别的，那些话我到现在还记得清清楚楚。

“‘转变心态的重点在于，’他说，‘你要清楚，某样东西是否能让你的生活更圆满，由你自己说了算，和别人告诉你它圆不圆满无关。’

“那天晚上我回到家，坐下开始想，什么样的生活对我来说是圆满的，理由是什么。我逼着自己思考，我想怎样度过自己的每一天。过了一会儿，我又问自己我为什么想那样度过每一天。最后，我的思绪引导我来到了这个问题上。”她说。

我低头一看，安妮正指着菜单。

你为什么来这里？

“然后呢？”我问。

安妮又大笑起来：“凯茜可能已经跟你说过，一旦你问自己为什么来这里，你的世界就会发生改变。我不唠叨那些无聊的细节了，不过我可以告诉你，自从那晚过后，我就不再是原来的我了。

“我的生活从一些小事开始慢慢改变，我开始每周为自己多留出一点儿时间。我再也不用‘物质’奖励拼命工作的自己，而是开始做自己想做的事。每天，我都花至少一个小时做我真正喜欢的事。有时候，我会读一本让我热血沸腾的小说；有时候，我会出门远足或者做做运动。

“后来，一小时变成了两小时，两小时又发展到三小时。等我回过神来，我已经把精力全都放到我想做的事上，这些事情才能让‘我为什么来这里？’这个问题的答案实现圆满。”

13

安妮扭头问迈克："你们讨论过死亡吗？"

"讨论什么？"我心头突然掠过一丝不安。

安妮笑着指了指菜单："第二个问题。"

我低头看去。

你害怕死亡吗？

我差点儿忘了菜单上还有两个问题。经过第一个问题的深入探讨，我还不确定自己是否准备好了去思考其他问题。

"这些问题是相互关联的。"迈克说。

他又猜中我的心思了！亏我刚才还觉得这里就是一家平常的咖啡馆，从一开始，我就觉得这地方有点儿异样。"'相互关联'是怎么回事？"我问。

“你害怕死亡吗？”安妮问，“大多数人都怕。这是人类最普遍的恐惧之一。”

“我不确定，”我答道，“生命中要做的事太多，我还没体验过我想做的一切，还不想死。不过，我不会整天惦记自己的死活。”

“没自问过这些问题的人，没有为实现PFE而努力过的人，”安妮看了我一眼，顿了顿，“这些人害怕死亡。”

我一时语塞，看了看安妮和迈克：“你是说，大多数人每天都会思考死亡？我不敢相信。至少我自己不会一天到晚想着死亡。”

迈克笑了：“不，不是这个意思。我们的说法更侧重于人的潜意识。大多数人每天想的事情里并没有死亡这个明确的概念。但随着时间一天天过去，人活在世上，剩给自己做想做的事的时间越来越少，大家的潜意识里很清楚，死亡在靠近。所以，他们害怕未来有一天，他们再也没有机会了。他们害怕死亡降临的那一天。”

我对他刚刚的一席话略加思考。“你说的也不一定吧？如果有人弄清了自己的存在意义，选择自己想做的事，实现自己的PFE，最后真的都做到了，这种人为什么要害怕死亡？如果你已经达成心愿，或者每天都在做自己想做的事，那没有理由会害怕失去做那些事的机会啊。”

安妮露出微笑。“就是这样。”她柔声说着，站起身来，“约翰，很高兴认识你，跟你聊天也很开心。不过我得回去找我朋友了。”

我也站起来和她握了握手。“我也很高兴认识你，”我说，“谢谢你和我分享你的见解。”

她转身向之前的餐桌走去，我则重新溜回了自己的包厢。我感觉自己身上发生了变化。我不知道具体是怎样的变化，但我刚刚学到的东西，一定在我今后相当长的一段人生里都十分重要。

迈克站起来：“约翰，你还好吧？你好像有点儿不知所措。”

“我只是在想，”我回答，“你和安妮的话非常在理。我很惊讶自己之前竟然没听过，也没想过这些问题。”

“顺其自然吧，约翰。你以前可能也有过这些想法，但你当时还没准备好真正接受和实践。”

迈克伸手从桌上拿起两个空盘：“我帮你清理一下餐桌吧。炸薯饼你还吃吗？”

“还吃呢，非常好吃。”我说着将思绪拉回到面前的食物上，“这些东西都太好吃了。我还饿着呢，可不能让你把它们端走。”

迈克离开餐桌，我再次集中精神，思考他、安妮和我刚刚的对话。需要消化的东西太多了。我回想安妮的故事和广告对人的影响。我对成功、幸福和圆满的定义，有多少是受他人影响的呢？我也很难说得清。我决定，从今以后谨慎对待人们话语背后传递的深层信息。

关于死亡的讨论又完全是另一回事了。我们聊完之后，我对死亡有了更深刻的认识。我并非一直生活在绝望的情绪中，对死亡充满忧虑；实际上，我平时很少会想到死亡。但是，活出一段实现自己存在意义的一生，从不同的角度看待每一天，这在我灵魂深处产生了极大的共鸣。

“如果你已经做成想做的事，或者每天都在做想做的事，那就没理由害怕失去做这些事的机会。”我自言自语。

我真希望自己早就思考过或者听说过这些。“不过，”我想，“光知道这个观念远远不够，重要的是真的去做。”

14

我再次低头看菜单。

你为什么来这里？

你害怕死亡吗？

你满足吗？

和刚看见的时候比起来，这些问题似乎没有那么奇怪了。实际上，它们现在变成了无比重要的问题。

你满足吗？

“只有当你弄清自己为什么存在，并且开始为这个存在意义做出实际努力后，你才能感到满足。”我心中默想。

“这事儿可不容易，对吧？”凯茜问。

我一抬头，只见她伸手拿起了我的水杯。“是啊，不容易。”我说，“我在想我自己的情况。我知道怎样做好自己的工作，那是我的谋生手段。如果我问自己为什么存在，搞清楚自己想做什么，却发现自己不知道该怎么去做，那该怎么办呢？要是我找不到和目标相关的工作呢？我要靠什么挣钱？

“要怎么养活自己，怎么为退休生活攒钱？要是新工作做不好怎么办？要是我想做的事被别人嘲笑或被人看不起，又该怎么办？”

凯茜等我说完才开口：“约翰，如果一个人一步步想清楚自己为什么存在，找到了这个问题的答案，你觉得他们会因为自己的发现感到兴奋吗？

“然后，去做实现存在意义的事情，是不是也很令人兴奋？”她问。

我又愣住了。这个问题似乎简单了点儿。我难道是听漏了？“答案当然是肯定的，”我说，“怎么会不兴奋呢？这种情况下，一个人再怎么兴奋，再怎么有干劲都不为过。”

“那你觉得这个人有什么理由会失败？”

我看着她。还没等我回答，她又开口了。

“你见过每天都全力以赴做事情的人吗？他们是不是把时间都花在自己能真正乐在其中的事情上？”

我想了想说：“这样的人不多，不过我确实认识几个。”

“他们擅长做自己爱做的事吗？”凯茜问。

“当然擅长啦。”我带着一丝讽刺的语气答道，“他们在那些事上花了大把时间，当然会擅长了。比如说，他们闲暇时读的书是关于那些事，看的电视节目也是关于那些事，甚至还会参加相关的集会……有了这些投入，他们肯定会擅长他们所做的事情。”

“他们会感到厌倦吗？”她问。

“不会，”我说，“对于自己爱做的事，他们似乎怎么做都做不够。这类人做起事来就像打了鸡血，而且……”我说到一半打住了。

凯茜冲我一笑：“你觉得这种人会很难找到工

作吗？”

我想了一下：“我认识的那些人找工作肯定不难。他们对自己喜欢做的事，不仅掌握了许多知识，而且做起来又充满热情，大家喜欢咨询他们相关的事情，还喜欢拉上他们一起做事情。”

“我可以想象，他们一定很积极乐观。”她说，“也许他们根本不需要去远方旅行，就能让自己时刻充满干劲。”

我好好琢磨了一下凯茜的话。从这个角度看问题非常有趣。如果我一直在做我想做的事，我的人生会是怎样？如果我的时间始终花在我愿意全力以赴的事上，那又会是怎样？“那钱呢？”我问，“他们只是擅长做某事，在某件事上懂得多，可这并不意味着他们能挣很多钱啊。他们可以随时找到工作，可是报酬会高吗？”问出这个问题，我感觉好点儿了。“毕竟，”我继续说，“一个人做什么事才会满足，谁知道呢？”

“我明白你的意思，”凯茜说，“在钱这方面，我们不妨设想一个最坏的结果。一个人找到了符合自己生存意义的事，每一天都会做这件事，还能以此为生。然而他无法挣到‘很多’钱。天哪，真是悲剧。

“想象一下这样做的后果。你的生活方式与你的PFE一致，你可以用一生的时间来做你想做的事，因为你已经弄清了自己的存在意义。但是……等你到了65岁，你可能会发现自己没攒够退休的钱。”

“那你怎么办？”她用夸张的讽刺语气问，“我猜你只能继续做你想做的那些事，真是悲剧啊。”

我大笑起来：“凯茜，你想讽刺我就直说吧。”

她微笑着回应：“我只不过是想表达，我完全理解你的想法。”

“我懂了，我懂了，问题回到了迈克的渔夫故事上。既然你现在就能做想做的事，为什么要等呢？”

“没错，但不仅仅是这样。你还记得你和安妮的对话吗？你们聊到为什么有人喜欢买东西。”

“当然记得，我们说有些人为了买更多东西去赚更多钱。他们希望通过购物满足自己，因为他们每天在做的不是自己真正想做的事。可这里面有一个陷阱，他们买的东西越多，为了挣钱而工作的时间就越长，一不留神就会陷入恶性循环。”

我停下来，发觉这就是我没理解透彻的那部分。我和凯茜对视了一下。“这和你刚才说的最坏结果有关，是吗？”我问。凯茜点点头。

我想了一会儿：“首先我觉得，情况最糟的那些人，可以选择去做其他的事。”

凯茜又点点头，我继续往下说。

“这是最坏的结果，那显然还有稍好一些的结果。那就是一个人可以做他想做的事，能实现他的存在意义，同时挣到很多钱。”

凯茜又点点头。

我知道我还没完全想透。我靠在椅背上，喝了一口水。我刚想让凯茜给我点儿提示，脑子里就冒出一个念头："说不定到时候有没有钱都无所谓了。这取决于当事人和他所处的环境。不过，回想我与安妮的对话，我记得我说过自己不明白，说到底人为什么要工作？我和安妮的讨论结果是，人们要工作，部分原因是要从工作中寻找满足感。"

"能举个例子吗？"凯茜问。

"比如，我工作是为了挣钱。"我回答，"我需要买东西。我回想了一下我买的东西，觉得自己和安妮说的那类人有点儿像。我拥有的物质能带我逃离片刻现实，减轻我的压力，让我感觉自己好了些。

"但我想知道，如果我不需要'逃离'或'减压'，那我还会想买那些东西吗？如果我一直在做我想做的事，那么我应该没什么可'逃离'的，也没那么多压力需要释放。我不是说我要去深山老林里盖个房子隐居，我只是想知道，一个人对'很多钱'的定义，会不会因为他实现PFE的程度而改变？"

凯茜又点了点头：“所以你觉得，人不应该渴望拥有更多金钱？”

“不。”我心里字斟句酌地组织着语言，想表达清楚自己的想法。

“我不是这个意思。我只是从自己的角度出发来谈这个问题。我觉得，如果我弄清了我为什么存在，开始做我认为可以实现自己目标的事情，那么我可能不会像现在这样看重金钱。这才是我的意思。”

凯茜起身取走我桌上的两个空盘。她微微一笑：“约翰，你的想法很有趣。”

我看着她走向厨房。

“是这个地方很有趣。”

15

凯茜回来为我添了点儿水，然后在我对面坐下。“约翰，我刚才把你的餐具送回厨房时，迈克提醒我，说有个话题你可能会感兴趣。我们刚才说，人们在努力实现PFE的过程中可能会遇到各种挑战，这个话题就和那些挑战有关。”

“比如我问的那个——他们怎么挣钱？”

“这只是其中一种，还有很多种挑战呢。”

我看着凯茜：“说说吧，我想听。”

“为了说清楚，”她开始讲，“你先想想我们之前聊过的那些人。”

“你是说我那几个全力以赴投入工作的朋友？”我问，“真正享受每一天的人？”

“对。你有没有发现他们和别人有什么不一样？”

“嗯，有个女人是做销售的，在……”

“等等，”凯茜打断了我，“别只想他们做的事，宏观一点儿，想想他们这个群体的特点。”

我靠在椅背上，闭上眼睛。我脑中勾勒出那些人的样子：“好的，我刚才说，他们看起来都有一种发自内心的快乐，都非常享受他们所做的事。他们还很自信，不会给人留下虚张声势的印象。他们都胸有成竹，仿佛认定事情会按照他们的意愿发展。

“还有一点听上去可能有点儿奇怪，他们这类人还有一个特点，就是运气好。好事总是发生在他们身上，而且出乎意料。”

“能举个例子吗？”凯茜问。

“好，就拿我刚才说的那个女人举个例子。巧了，她和安妮一样，也从事广告业。她需要搞定一个大客户。我不知道具体是什么情况，只记得那事涉及一笔大订单，很多人争取过，但都失败了。”

“然而，她决心一定要拿下这笔订单。她花了两周时间准备给客户展示用的资料，然后接到了一个大学同学的电话。她和这个人已经很久没联系了。他们俩叙旧的时候聊到工作，她说她正在争取一个大客户。结果她的大学同学有个朋友，恰好是她要争取的大客户公司中的员工。

“几通电话之后，他们三人相约吃了顿晚饭。几个星期后，她理所当然地签下了这位大客户。所以我说，好事总是意外降临在这类人身上。他们的运气就是好。”

“约翰，你觉得他们运气为什么好？”凯茜问。

我喝了几口水：“我也不了解，也许只是巧合吧。不过有一个有趣的现象，我想了想那些做事情真正乐在其中的人，他们把时间花在与PFE一致的事情上，而这种大好事好像总是被他们碰上。”

凯茜微笑着看看我：“这种事只能被他们碰上

吗？你有没有碰上过？”

我紧靠着卡座的靠背：“应该碰上过。我一时半会儿想不出具体例子来，但是我记得有几次，意外惊喜正好在我需要的时候降临。”

“约翰，如果你能想起那些具体例子，你肯定会发现两者之间的联系。”

“比如说，惊喜发生时我恰好在做自己想做的事？”我问。话一出口，我全身一震，和我之前的感觉一模一样，这就是我有了与我自己相关的重大发现时的感觉。

“约翰，我不能替你回答这个问题。但我在这家咖啡馆工作，看着客人们来来往往，有一个发现——那些清楚自己PFE的人，为实现PFE全力以赴的人，他们确实运气非常好。在他们最需要的时候，意外的惊喜总会降临。

“关于这个现象，我问过其中一些人，他们也有同样的感觉，但不知道背后的缘由，给出的解释也不尽相同。其实，他们大多数人根本就不太关心自己运气好不好。他们只知道，当自己为实现存在意义而努力时，幸运的巧合就会自然出现，他们管这个叫顺其自然。”

“真奇怪，”我说，“听起来有点儿玄。”

“有人觉得玄，有人觉得是宇宙的自然规律，还有人觉得事情背后有一股更强大的力量在操控。不过，大多数人只会觉得这是运气好罢了。大家都同意确实有这么回事，而且运气确实是促成事情成功的因素之一。”

“你怎么看，凯茜？”

她思考了一会儿：“其实我也不知道。可能是前面说的各种原因，也可能是另一个原因。你听说过指数理论吗？”

“没有，你能解释一下吗？”

“能啊，这个理论其实很简单。我举个例子，假如你告诉某人一个消息，他再把这个消息告诉其他人，其他人又会告诉更多人。用不了多久，你的消息就会传播给很多人，比你自己逐个告知的效果更好。这就是指数理论。”

“有点儿像发电子邮件。”我说，“你把一封邮件发给10个人，这些人各自再转发给另外10个人，这样继续发下去。”

“没错。这是一回事。现在我们说回正题，假如你告诉大家，你正在努力实现你的PFE，你把这个消息分享给10个人，他们各自又分享给另外10个人，这样下去，用不了多久你就有一大帮潜在的帮手了。”

我想了一会儿：“但他们凭什么愿意帮我？我的朋友凭什么和其他人聊起我努力做的事？”

凯茜看着我，没有回答。我感觉她又是在鼓励我自己找出答案。我想了想我们的对话，想到我们怎么说到指数的话题。可我没能想出答案：“我不明白，凯茜，能给个提示吗？”

“约翰，想想我们刚才提到的那些人——为实现自己的PFE而工作的人，你和他们互动的时候有没有什么感觉？”

“感觉很棒，我会情不自禁地被他们的激情和热情感染，我会想主动帮助他们。”

我顿了顿：“不是吧，凯茜，别告诉我这就是答案！那信息传递的例子又怎么解释呢？”

“约翰，你刚才说，他们的激情和热情让你也想主动帮忙。如果你帮不上忙，但知道其他人也许能帮上，你会去联系他们吗？”

“当然会，我会感觉自己有动力去做这件事，因为他们……”我停顿了一下，仔细琢磨该怎么表达。

“走在正确的道路上？”凯茜提示。

“对，差不多是这个意思。他们走在正确的道路上，让你忍不住想去帮一把。”

“那当你跟有可能帮忙的那个人说起他们的时候，你会怎么说呢？”凯茜问。

我一半是对自己，另一半是对凯茜露出了微笑。

“我会像他们一样，带着激情和热情说话。话题会充满感染力，就好像他们的故事或者需求自带一种积极的情绪一样。”

“也许这就是你要的答案。”凯茜站起身，开始收拾桌上的餐具。“约翰，你居然吃了这么多。”她端着一摞空盘子说，“你饿坏了吧？”

“是你们的饭菜太好吃了。”我回答，“我一点儿都不想剩下。”

我向厨房扫了一眼，看见了迈克。我们互相挥了挥手，这次完全不觉得有什么奇怪的：“凯茜，我想问一下，你们还有草莓大黄派吗？”

她大笑：“我去厨房问问。”

16

过了几分钟，迈克来到我桌旁，手里端着一个盘子，上面放着足够四个人吃的派。“你点了一份草莓大黄派？”他问。

“迈克，这分量怎么这么大，我都不知道能不能吃完。”

他放下餐盘，在桌上摆了一块新餐巾和一把新叉子：“慢慢吃，不着急。你和凯茜聊得怎么样？”

我刚叉起一大块派送进嘴里，正在大口咀嚼。听到这话我急忙喝了口水，把派咽下去：“聊得很好，非常有意思。我们讨论了那些换了种问法问过自己这个问题的人。”我说着指了指菜单。

就在一瞬间，菜单上的问题变成了“我为什么来这里？”，然后又慢慢变回了“你为什么来这里？”，这次我干脆没有跟他提起问题的变化。

“对，就是这个问题。”我继续说，“那些人似乎有一些共同点，比如说他们都清楚自己为什么存在，他们知道为了实现那个意义要做什么，他们对自己的能力完全自信。他们努力的过程中总是如有神助，十分顺利。凯茜跟我解释了一些相关理论。”

迈克咧嘴笑了：“大家对这个现象的猜测，可以追溯到很久以前，甚至能追溯到最早那批哲学家。”

“迈克，有件事我不太明白。为什么大家不都去追求自己的PFE？他们有什么难处？你先别急着回答，我知道我首先应该问问自己，其实，你走过来的时候，我正在思考这个问题。但我真的很好奇，除了我自己可能想出的答案，还有没有更大、适用于更多人的答案。”

迈克端着马克杯，喝了一口水，然后把杯子放在桌上，在我对面坐了下来。“关于那个问题，我们每个人都有自己的答案。”他开始解释，“这些答案是讲给自己听的，因为每个人的情况都独一无二。不过，确实有几个更大的决定性因素。”

“比如？”

“很多人从没想过自己的存在意义。有的人想过这个概念，但不知道自己有没有所谓的PFE。还有一些人因为自己的成长环境或者宗教信仰，不认为自己有权利去追求和实现自己的PFE。

“有人觉得自己有存在意义，并相信自己有权利去实现这个意义。但即便如此，有些人也不认为只要相信自己、只要去做，就能实现PFE，他们不相信这个过程有这么简单。

“这就要说回你和安妮聊的内容了。有很多人为了钱或权力，说服其他人去相信，他们的产品或服务是实现人生圆满的关键。想象一下，如果大家都意识到，我们的满足感其实掌握在自己手中，那前面那种人就会受到巨大的威胁。说服他人的那些人将失去他们的力量。对于这类人，失去对他人的影响力可不是什么好事情。”

“你让我想起我和凯茜刚才说的话。”我说，“她告诉我，如果有人弄清了自己的PFE，他们就会去做自己想做的事，成为自己想成为的人，不再需要别人的允许或同意。”

“没错。更严重的是，这样一来，再没有人能阻止或安排他人去做他们想做的事。我们每个人都能掌握自己的命运。”

我想了想，又回忆起我刚才和凯茜、安妮的对话：“你说的这种情况和我平时看到、听到的情况有很大差别。寻找自身存在的意义，掌握自己的命运，很多人接触这些问题都难，更别说采取后续行动和真正过上这样的生活了。”

“确实很难，”迈克说，“但不是不可能。其实就在几周前，一个客人来到咖啡馆，跟凯茜和我讲了一个故事，关于他如何学会掌握自己的命运，非常有意思。如果你有兴趣，我可以讲给你听。”

“好呀。故事里还有渔夫吗？”

迈克大笑：“这次没有，不过有体育运动。这个客人多年来总是梦到自己要打一杆非常难打的高尔夫球。他说他在现实生活中并不擅长高尔夫球，睡梦中却遇到这样的难题，非常沮丧。在梦里，他要打的球要么放在窗框上，要么放在一大块岩石斜面上，要么放在其他各种荒唐又难打的地方。

“每次他都努力站稳脚跟，练习挥杆，但手感永远不对，他知道这样下去肯定会打出一记坏球。结果，他越是练习挥杆，就越是焦虑紧张。

“等他的沮丧达到高峰，他才会终于感觉自己做好了准备。结果，每次他刚要挥杆，球的位置就会改变，跑到另一个同样难打的新球位。于是，他又要经历新一轮压力和焦虑。这样的场景一直反复出现，直到他从梦中醒来，心脏狂跳，全身肌肉紧绷。

“一天晚上，他又做了这个梦，但这一次，当他不能更沮丧的时候，他突然意识到自己完全可以把球捡起来，放到别处再打。并没有什么超级难题，除了他自己，没有人在意他击球的位置。

“他说，醒来之后，他有种不可思议的强烈感觉——他觉得自己洞悉了一个深刻的道理。他以前不懂这个道理，现在却看得无比清楚。聊到最后，他告诉我，‘不管别人让我们相信什么，不管我们在广告里听到什么，不管我们对工作的高压有什么感觉，我们每个人都可以把握生命中的每一刻。以前我忘了这个道理，所以在各种各样的外界力量影响下，我总是努力调整自己，不知不觉被它们控制了。’

“‘除了我自己，没人关心我在哪儿击球；同理，在生活中，只有你真正了解自己存在的意义。永远不要因为其他人或事失去对自己命运的掌控。要积极地选择自己的人生道路，不然就只能被动接受安排。要学会移走你人生中的高尔夫球。’”

迈克讲完故事，看着我说：“你看，的确没有渔夫吧。”

“这个故事没有渔夫，而且很精彩。我喜欢这个故事包含的信息。”

“那个客人也喜欢。他说这个梦改变了他的人生。从那之后，他意识到他可以对自己的命运做出选择。现在，要是遇上不知如何是好的事情，他就告诉自己，把那个高尔夫球移走。他说，只要把这句话说出口，他就不再害怕，能鼓起勇气去做任何他想做的事情。”

17

我看看手表，已经是早上五点十五分了。“不会吧，”我说，“我马上就可以再点一次早餐了。”

迈克微笑道：“还是先把你的派吃完再说吧。”

“那我就不客气了。”我回答道，又将满满一叉食物送进嘴里。我吃完又喝了一口水，“迈克，我还有件事不明白。这事我和你、和凯茜都聊过，但还是没找到答案。”

迈克笑着说：“那就请问吧。但草莓大黄派的做法我可不能告诉你，那是我们这儿为数不多的秘密之一。做法是我妈妈传给我的，我跟她发过誓，永远不告诉别人。”

我咧嘴一笑：“明白了。幸亏我要问的是另一个问题。我们讨论过人们问自己‘我为什么来这里？’的事儿，凯茜和我也讨论过这个问题对提问者的影响，还有人们知道答案后可以怎么做。但我还有一点不明白……”

“要怎样才能找到答案，是吧？”迈克问。

“对。”

“我觉得，这个问题还是把凯茜叫过来一起解答比较好。她和我一起回答你，比我或她单独回答你更好。”于是，迈克起身走向咖啡馆另一端。凯茜正坐在那儿跟安妮和她的朋友聊天。不知道他们是不是在聊差不多的话题。

过了一会儿，凯茜起身和迈克一起向我走来。

“派好吃吗？”他们俩落座后，凯茜问。

“好吃极了。”我咧嘴一笑，说道，“我差不多吃饱了。”

“凯茜，约翰想知道如何找到第一个问题的答案。”迈克边说边指了指菜单背后的“你为什么来这里”，那个问题此时变成了“我为什么来这里”，“我觉得我们俩最好都来回答一下他的问题。”

凯茜点点头，直视着我的双眼，用非常严肃的语气问：“约翰，你有信箱吗？”

“有啊。”

“你向自己提出那个问题后，在下个月的第七天，也就是头一次满月的日子，你的信箱里会收到一个包裹。里面有一份文件。你把它举起来，借着烛光看，就会看到知道答案的人写下的一条秘密讯息。这条讯息你一生只能读一次，只能在烛光下才能看到，而且必须在一个月的第七天看。”

我放下水杯，凑过去认真听她说。

“这个包裹很好认，外包装用的是红色丝带，打的是双结，其中……”

这时，我注意到桌子在动，或者说更像是在震颤。我直起了身子。

“怎么回事，凯茜？”我吃惊地问，“桌子……”

凯茜继续说话，好像根本没注意到桌子在抖。“大绳圈至少是小绳圈的两倍长，系在包裹偏左上角的位置。”

我瞟了一眼迈克，顿时又惊讶又尴尬，因为桌子的抖动并非闹鬼，而是迈克搞出来的。他一边听凯茜说话，一边捂着嘴趴在桌子上，拼命憋着笑。可他笑得太厉害，整个身子都在颤抖，桌子也跟着抖起来。

我哈哈大笑。凯茜转过身，开玩笑地在迈克肩上捶了一下。

“你的演技可真够差劲的。”她笑着说。

“抱歉，”迈克说，“你说的太像那么回事了。我实在控制不住我自己。”

“好吧。”凯茜说，“约翰，关于你要找的答案，我稍微自由发挥了一下。”

“稍微！”迈克说，“你根本就是在胡编乱造。还什么‘打的是双结……’”迈克模仿着凯茜，我们三个再次放声大笑。

“你真是太会编故事了，凯茜。”我说，“可是，我的问题你还没回答呢。”

“这样才有意思嘛。”她笑嘻嘻地说，“我这样做是为了说明一点。有的人意识到了问题，就想知道答案，但他们只想在其他人或者其他事物的引导下找到答案。”

“比如第七天收到的一个包裹。”我笑着接话。

“没错，第七天。但重点是，得到答案后，我们凭自由意志决定我们想做的事；同理，我们也可以凭自由意志主动寻找答案。”

“所以，你的意思是说，”我说，“人不能刚迈出第一步，就站在原地等待。如果有人真想知道他为什么存在，他就得为自己找出答案。”

“没错。”迈克说，“人们寻找答案的方法各不相同。有人通过冥想问自己为什么存在；有人一边听自己最爱的音乐，一边记录自己的想法；很多人选择到大自然中自己一个人静一静；也有不少人选择和朋友或陌生人交流分享这个话题；还有人会通过阅读，在书中理念和故事的引导下找到答案。”

“哪种方法最管用，你有什么建议吗？”我问。

凯茜转过身对我说：“约翰，这完全看个人。你要记住一个关键点，自己的答案，全世界只有我们自己可以决定。所以很多人都在追寻答案的过程中选择独处。”

“我能理解这点。”我说，“要是你整天被资讯和信息轰炸，就很难集中精力思考问题。”

“是啊。”迈克回应，“有人花时间冥想，或者去大自然中静一静，通常就是为了逃离外界的‘噪音’，把注意力集中在自己真正要思考的问题上。”

“这就是全部答案了吗？”我问。

“并非全部。”凯茜说，“约翰，你还记不记得，刚才我们说到接触不同的理念、文化、观点、人等行为的价值吗？”

“当然记得，当时我们在说，一个人为了实现他的存在意义，为什么要多去了解不同的事物。”

“没错。”凯茜说，“同样的观点也适用于那些寻找PFE的人。有人发现，一旦他们有新体验或者接触到新理念，有些体验或理念就会让他们产生共鸣。遇到他们热爱的事物时，很多人都有生理反应，比如汗毛倒竖、脊梁骨仿佛触电、喜极而泣等等。还有人会产生一种‘就是它’的感觉。这些都是找出自己存在意义的线索。”

“我明白了，”我笑了，“那种感觉我也有过。当我读到或者听到一些事物时，心里会很清楚地知道，我就是想做这件事。其实，我今天晚上就出现过好几次这种感觉。”

凯茜向我露出微笑：“约翰，你的问题解决了吗？”

“应该算是吧。假如我没理解错，你是说没有统一适用于所有人的答案，但可以试试看找一个地方集中精力思考问题。体验不同的事物，接触不同的理念，留意自己对各种事物的反应，这些都有助于我们寻找答案。”

“没错。”迈克说。

凯茜站起身：“我去看看其他客人。约翰，你还有别的需要吗？”

“没有了，凯茜，谢谢你。不过，万一我在满月之夜收到一份意外礼物——系着红丝带的包裹……我可能会再请教你几个问题。”

她哈哈大笑，朝迈克眨眨眼：“没问题，欢迎随时提问。”

18

凯茜离开我的餐桌。“约翰，来这里之前，你本来要去哪儿？”迈克问。

“我刚开始度假。我觉得自己需要抽出一段时间，逃离一切，趁机好好思考一下。我不知道我具体想思考些什么，但在刚才的……”我瞟了一眼手表，“……在刚才的八个小时里，我冒出了一些相当不错的想法。”

“迈克，你介意我问你一个私人问题吗？”

“不介意，什么问题？”

我看着他：“你是因为什么契机，才在菜单上放了这些问题？”

迈克靠在椅背上，脸上浮出一丝浅笑：“你怎么知道有个契机？”

“因为你、你的行为举止，还有这个地方。我不确定，但我感觉你就是在做你想做的事。所以我猜你问过自己那个问题，而这个咖啡馆就是你的答案。”

迈克又浅浅一笑，端起马克杯喝了口水说：“很多年前，我过着异常忙碌的生活。我晚上要上研究生课，白天有全职工作。其他时候，我的每一分钟都用来做体育训练，目标是成为专业运动员。有两年半时间，我生活中几乎每一个时段都安排得满满的。

“毕业之后，我辞职给自己放了个暑假，因为我已经找到一份新工作，九月初正式入职。我一个哥们儿也刚刚毕业，我们决定一起前往哥斯达黎加旅行，庆祝毕业。

“我们花了几周时间在这个国家四处游荡，去热带雨林远足，观察野生动物，沉浸在全新的文化环境里。有一天，我们坐在一段漂流木上，吃着新鲜的芒果，看着海浪冲上美得不可思议的海滩。我们在接近

30摄氏度的水中玩人体冲浪，玩了一整个下午。日落时分，我们心情很放松，看着天空从明亮的蓝色变成粉红、橘红，再到正红。”

“听起来很壮观。”我说。

“的确。我记得自己眺望眼前的美景，开始回想，过去的两年半里，我每时每刻都按照计划生活，而这幅美景每天都会出现。原来，只需要坐几小时飞机，再走过几条泥路就能抵达天堂，可我之前根本不知道这个地方的存在。我发现在我疯忙的两年半中，不仅这个地方始终存在，太阳也始终存在，海浪也始终冲刷着那片海滩，眼前的一切已经存在了百万年，甚至上亿年。

“想到这些，我感觉自己非常渺小。我的烦恼，我的压力，我对未来的担忧，似乎一切都不重要了。在我以前的人生中，不管我做了或者没做什么，不管我的决定是对是错，还是对错参半，哪怕将来哪一天我已经不在，眼前的风景也依然会长久地存在下去。

“我坐在那儿，面对自然那不可思议的美丽与壮观，觉得我的生命不过是宏大宇宙中的一粒微尘。然后，我产生了一个想法，我为什么来这里？如果我以为重要的东西其实并不重要，那什么是重要的？我存在的意义是什么？我为什么来这里？

“那些问题冒出来之后，我之后的经历就和凯茜跟你说的差不多。直到我想出答案，问题才消散。”

我原本靠在椅背上，但迈克讲话时，我不自觉地朝他凑了过去，想仔细听清他说的每一部分。

“谢谢你，迈克。故事真精彩。”

“约翰，生活本来就很精彩。只不过有人没发现自己是作者，没发现他们可以按自己的想法创作。”

迈克站起来说：“我要回厨房打扫一下。约翰，你还想吃点什么吗？”

“不了，我马上就要走了。我本来彻底迷路了，才发现这个地方。现在，我依然不知道我该往哪个方向走。”

迈克笑着说："那要看你想去哪儿了。"

他开口想要说点儿别的，又顿了顿，仿佛他决心不说出口。他转而说起另一件事："你沿着这条路开几英里，就会看到一个十字路口。右转，你就能回到高速公路上。高速公路入口附近就有一座加油站。你剩下的油够你把车开到那儿了。"

我不清楚他怎么知道我剩下的油够我撑到加油站，但我直觉他说的肯定没错。我站起来伸出手："谢谢你，迈克，你的咖啡馆真是太特别了。"

他和我握了握手："不用谢，约翰。祝你一路顺风。"说完他就转身走了。

19

我低头看看菜单。

你为什么来这里？

你害怕死亡吗？

你满足吗？

这些问题都很深刻。如果一天前有人问我这些，我肯定会以为他有点儿精神错乱。现在，我坐在这里，看着菜单的背面，居然无法想象之前的自己。

凯茜来到桌旁，把我的账单放在桌上，递给我一个餐盒："这是最后一块草莓大黄派，是迈克送给你的告别礼物。"

"这是我送你的礼物。"她说着递给我一份菜单。菜单封面上，在"你为什么来这里咖啡馆"下面，凯茜给我写了一句话。我把它读了两遍。

“一个小东西，给你留个纪念。”她微笑着说。

“谢谢，凯茜。谢谢你为我做的一切。”

“我很荣幸，约翰。这是我们的缘分。”

我把钱放在桌上，拿起菜单和装着派的餐盒，走出咖啡馆，走进新一天的开始。

太阳即将从停车场对面的树林后升起，新的一天就要到来。空气中依然残留着昨夜的一丝沉寂，白昼的喧嚣却已经拉开了序幕。

我感觉自己充满活力，重新振作起来，我把餐盒从右手换到左手上，打开车门。

“我为什么来这里？”我想，“我为什么来……”

这的确是崭新的一天。

尾声

在那家咖啡馆度过一夜之后，我的人生就改变了。这些改变并不像一道闪电那样来得那么快、那么突然，但却有着同样的力量，最终对我的生活产生了影响。

和安妮一样，我也开始慢慢改变。我离开咖啡馆时，不停地思考“我为什么来这里”，然后在余下的假期中不停地思考这个问题。我没有马上得出答案。我知道，要想找出我的存在意义——或者凯茜所说的PFE——只花一个假期的时间思考，然后回归我曾经的生活是远远不够的。和大多数真知灼见一样，这个问题的答案需要花些心思才能找到。

我从凯茜和安妮那里学到了各种方法，最后，我把这些方法组合起来，终于想出了答案。一开始，我先每天抽出一小段时间，专注于我喜欢做的事，和安妮的做法差不多。然后，我开始尝试找和利用凯茜说的那些机会，接触和了解新事物。这样一来，“我为什么来这里？”这个问题的答案范围变大了，不再像我旅行之初时那么狭小了。

终于，我的PFE和我想实现它的方法逐渐清晰起来。讽刺的是，我是在面对最困难的挑战时想清楚的。当两个选择摆在你面前：一个是用一生追求自己的生存意义，另一个就是活着，你可能会以为，做出这个决定很简单。

但事实并非如此。

随着时光流逝，我发现大多数人的旅程会在这里结束。他们窥探篱笆墙上的小洞，清楚地看到他们想过的那种生活，但出于一些原因，他们不会打开门，走进那种生活。

起初，这个事实让我觉得特别遗憾。但正如迈克所说，我开始相信不同的人会在不同的人生阶段做出选择，有人小时候就已经做出选择，有人要长大一些，还有人终其一生都没有做出选择。做选择，急不得，没有人能帮你选择，你只能自己来。

“如果你已经做成了想做的事，或者每天都在做想做的事，那你没有理由害怕失去做那些事的机会。”对我来说，正是这个道理帮我推开了那扇门。如今，这句话已经成了我的人生信条。

我常常想起那家咖啡馆。每次我打开信箱，看到里面塞满广告和我不需要的信息，我都会想起凯茜和她那个绿海龟的故事。反向浪从未停歇，伺机卷走我的时间和精力。但现在我已经知晓了它的存在，我就可以保存实力，乘着正向浪前进。

我还常常想到迈克在哥斯达黎加海滩的故事。从宏观视角来看，我们的压力、焦虑、胜利和失败全都微不足道。

不过，正是因为我们去面对看似微不足道的自己，才找到了人生的意义。

要说我对改变生活有什么遗憾，那就是我真后悔没早点儿做出改变。我想，在咖啡馆的那一晚之前，我可能还没做好准备吧。

现在，我明白了自己的存在意义，也会为了实现这个意义而努力生活。门的另一边，我永远不会再回去了。

〔全书完〕

约翰·史崔勒基

John Strelecky（1969— ）

他和书里那个“约翰”一样，曾经非常迷茫。

他本来拥有工商管理硕士学位，在企业工作多年。32 岁那年，他突然和妻子背起背包，踏上环球之旅，花了 9 个月时间走过 11 万公里路程。

返回美国后，他把自己的经历和感悟写成《世界尽头的咖啡馆》，本来是自费出版，没想到一年之内这本书就变成畅销书，被翻译成 39 种语言。

他是旁人眼中的“疯子”，而他不顾一切走上旅行和写作这条路，希望能通过这本书，成为更多读者人生旅途中的伙伴。

万洁

隐居家中，远离尘嚣。

据说开始翻译这本书以后，卸载了 " 吃鸡 " 游戏。

译有《纳尼亚传奇》《镜中的爱丽丝》《性本自然》等书。

世界尽头的咖啡馆

作者 _ [美] 约翰 · 史崔勒基　译者 _ 万洁

产品经理 _ 杨珊珊　装帧设计 _ 星野　产品总监 _ 周颖
技术编辑 _ 顾逸飞　责任印制 _ 刘淼　出品人 _ 吴涛

营销团队 _ 毛婷 魏洋

鸣谢（排名不分先后）

周颖琪 胡乃嘉 李佳 李欣爱 杨喆 闫冠宇 邱思雨 滑麟义 石敏 施明喆 林芹 李洋 王维思

果麦
www.guomai.cn

以 微 小 的 力 量 推 动 文 明

图书在版编目(CIP)数据

世界尽头的咖啡馆 / (美) 约翰·史崔勒基著 ; 万洁译. -- 天津 : 天津人民出版社, 2019.5 (2024.4重印)
书名原文: The Why Cafe
ISBN 978-7-201-14617-1

Ⅰ. ①世… Ⅱ. ①约… ②万… Ⅲ. ①人生哲学一通俗读物 Ⅳ. ①B821-49

中国版本图书馆CIP数据核字(2019)第044911号

图字02-2019-20

世界尽头的咖啡馆
SHIJIE JINTOU DE KAFEIGUAN

出　　版	天津人民出版社
出 版 人	刘锦泉
地　　址	天津市和平区西康路35号康岳大厦
邮政编码	300051
邮购电话	022-23332469
电子信箱	reader@tjrmcbs.com
责任编辑	康嘉瑄
产品经理	杨珊珊
书籍设计	星　野
制版印刷	天津丰富彩艺印刷有限公司
经　　销	新华书店
发　　行	果麦文化传媒股份有限公司
开　　本	787毫米×1092毫米　1/32
印　　张	4
印　　数	683, 001-693, 000
字　　数	50千字
版次印次	2019年5月第1版　2024年4月第37次印刷
定　　价	45.00元